Autor: Hans-Jürgen Hellberg
Umschlaggestaltung: Hans-Jürgen Hellberg/ Jürgen Schlüsing
Cover-Foto: Hans-Jürgen Hellberg

Bibliografische Information der Deutschen Nationalbibliothek:
Die Deutsche Nationalbibliothek verzeichnet diese Publikation
in der Deutschen Nationalbibliografie; detaillierte bibliografische
Daten sind im Internet über dnb.dnb.de abrufbar.

©2020 Hans-Jürgen Hellberg/ Jürgen Schlüsing

Herstellung und Verlag: BoD – Book on Demand, Norderstedt

ISBN: 9783752620177

Die Autoren, der Dipl.-Physiker Hans-Jürgen Hellberg und der Bauingenieur Dr. Karl Jürgen Schlüsing haben in ihren Vorlesungen für Studienanfänger des Studienganges Wirtschaftsingenieur immer wieder feststellen müssen, dass die vorhandenen mathematischen Grundlagen nicht ausreichen, um sich die naturwissenschaftlichen Grundlagen gleich zu Beginn des Studiums erfolgreich zu erarbeiten. Aus diesem Grund ist diese Booklet-Reihe für Mathematik und Naturwissenschaften entstanden.

Die Booklets unterscheiden sich von den typischen Lehrbüchern, die vollständige Themenbereiche abdecken und meistens sehr umfangreich sind. Dadurch, dass jedes Booklet für ein einzelnes Thema steht, kann sich der Student gezielt auf das gewünschte Thema konzentrieren, ohne ein umfangreiches Lehrbuch oder verschiedene Bücher durchblättern zu müssen. Die Themen in den Booklets werden jeweils auf 25 bis 50 Seiten abgehandelt und wo erforderlich mit dem Verweis auf andere Booklets versehen. Im Falle der Naturwissenschaften erfolgt der Verweis an gegebener Stelle, auf die ergänzenden Booklets der Mathematikserie. Zudem findet der Student im Anhang weitere Literaturhinweise.

Dieses System ermöglicht dem Studenten, Schwerpunkte zu setzen, das Wissen durch kurze Wiederholungen zu festigen und sich schnell und leichter auf Prüfungen vorzubereiten.

Übungshefte (Booklets)

    I Schwingungen
    II Wellen

In Vorbereitung 2021
    III Geometrische Optik
    IV Quantenmechanik – Atomphysik
    V Elektromagnetische Felder
    VI Maxwell-Gleichungen

Für die zahlreichen Anregungen bedanke ich mich bei
Frau Dipl.-Ing. Leniana Ibraeva und meinem Partner Dr. Ing. Jürgen
Schlüsing.

Physikalische Grundlagen

I Schwingungen

Einleitung

Um in die Physik der Schwingungen einzusteigen, soll im Folgenden die Federschwingung als Beispiel dienen.

In diesem Fall gehen wir von einer Feder aus, die am oberen Ende befestigt ist und an deren unterem Ende ein Gewicht hängt. Ziehen wir jetzt am Gewicht und damit die Feder in die Länge, so beginnt sie zu schwingen, sobald wir das Gewicht loslassen. Die Feder schwingt somit senkrecht zur Gleichgewichtslage, der horizontalen Linie (Abszisse).

Ein anderes Beispiel ist das Pendel.

Bei diesem Beispiel kann es ein Faden oder ein Uhrenpendel sein, an dessen Ende ein Gewicht befestigt ist. Lenken wir das Pendel aus, so beginnt dieses um die senkrechte Linie (Ordinate) zu schwingen. Eine gängige Beschreibung ist das mathematische Pendel, das aus einem aufgehängten Faden besteht und an dessen unterem Ende eine Masse m hängt, wobei die Masse des Fadens vernachlässigt wird.

Weitere Beispiele sind: Schwingkreise, Elektronen in einer Antenne oder im atomaren Bereich und viele mehr.

Zum Verständnis soll uns hier aber die Beschreibung der Federschwingung reichen.

Schwingungen Basiswissen

Um Schwingungen zu beschreiben, müssen wir uns mit verschiedenen Begriffen vertraut machen, um sie dann zu berechnen.

Grundlegende Begriffe sind:

Amplitude, Frequenz, Periode, harmonischer Oszillator ohne Dämpfung, harmonischer Oszillator mit Dämpfung, erzwungene Schwingungen, Resonanzkatastrophe, Überlagerung von Schwingungen (resultierende Phänomene)

Voraussetzungen für die Berechnung von Schwingungen sind die Kenntnisse der **trigonometrischen Funktionen,** der **Frequenz** und der **Kreisbewegungen**.

Trigonometrische Funktionen: Sinus, Cosinus, Tangens und Cotangens *(siehe Mathematik Grundlagen Übungsheft 4: 1.14.5).*
Basis für das Verständnis und der Berechnung der Schwingungen ist zunächst das Verstehen der Sinus- und Cosinusfunktion, wobei letztere nur um 90° zum Sinus verschoben ist. Aus diesem Grund reicht es zunächst, die Sinusfunktion zu verstehen:

$$Y = A \sin (x)$$

Als **Amplitude** wird in der obigen Funktion der Faktor **A** bezeichnet. Hierzu wird die Sinusfunktion $y = \sin (x)$ zugrunde gelegt.
Legen wir den Einheitskreis mit dem Radius zugrunde, dann hat die Funktion den größten Wert 1 und den kleinsten Wert -1 (für den Einheitskreis wird der Radius gleich 1 gesetzt).
Die Funktion hat den Wertevorrat $-1 \leq y \leq 1$. Der Wert x in der Klammer von $\sin (x)$ wird als Argument bezeichnet.

Merksatz 1.1 Amplitude

Die Multiplikation mit einem konstanten Faktor **A**, liefert Funktionen, die den gleichen periodischen Charakter haben (wie A sin (x)), deren Maximum aber größere oder kleinere Werte annimmt).

In der Abbildung Abb. 1.1 finden sie die Sinusfunktion A sin (x) für die Amplitude (Maßstab frei wählbar) A = 1 (siehe Skizze unten). Machen sie sich klar, was es für andere Amplituden wie A = 2 und A = 0,5 bedeutet.

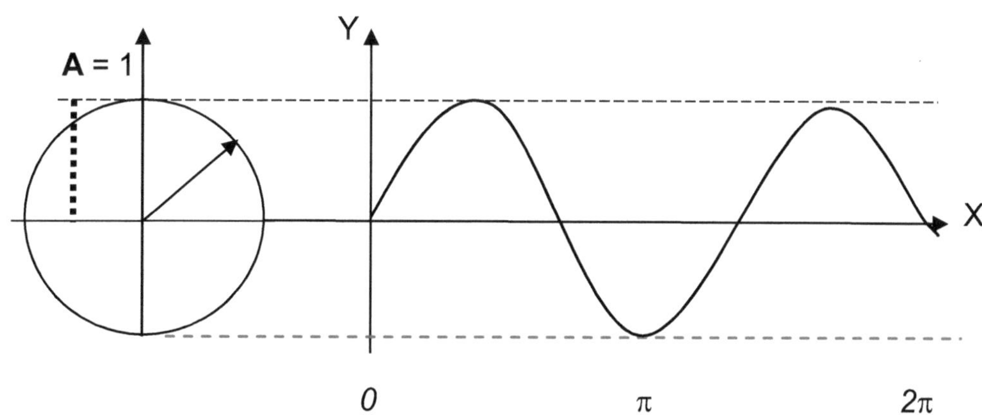

Abb. 1.1 Sinusfunktion

Bedeutung der *Frequenz, Kreisfrequenz und Winkelgeschwindigkeit*

Merksatz 1.2

Die **Frequenz** ist die Zahl der Schwingungen im Zeitintervall 1 sec, wobei die **Kreisfrequenz** ω definiert ist als die Zahl der Schwingungen im Zeitintervall $2\,\pi$ / sec und die **Winkelgeschwindigkeit** (auch mit ω bezeichnet) ist der in einer bestimmten Zeit überstrichene Winkel.

Merksatz 1.3

Eine **Periode** ist die Zeit, die für eine abgeschlossene Schwingung erforderlich ist. Im Falle einer kreisförmigen Bewegung durchläuft ein Teilchen alle Punkte des Kreises in regelmäßigen Zeitintervallen.

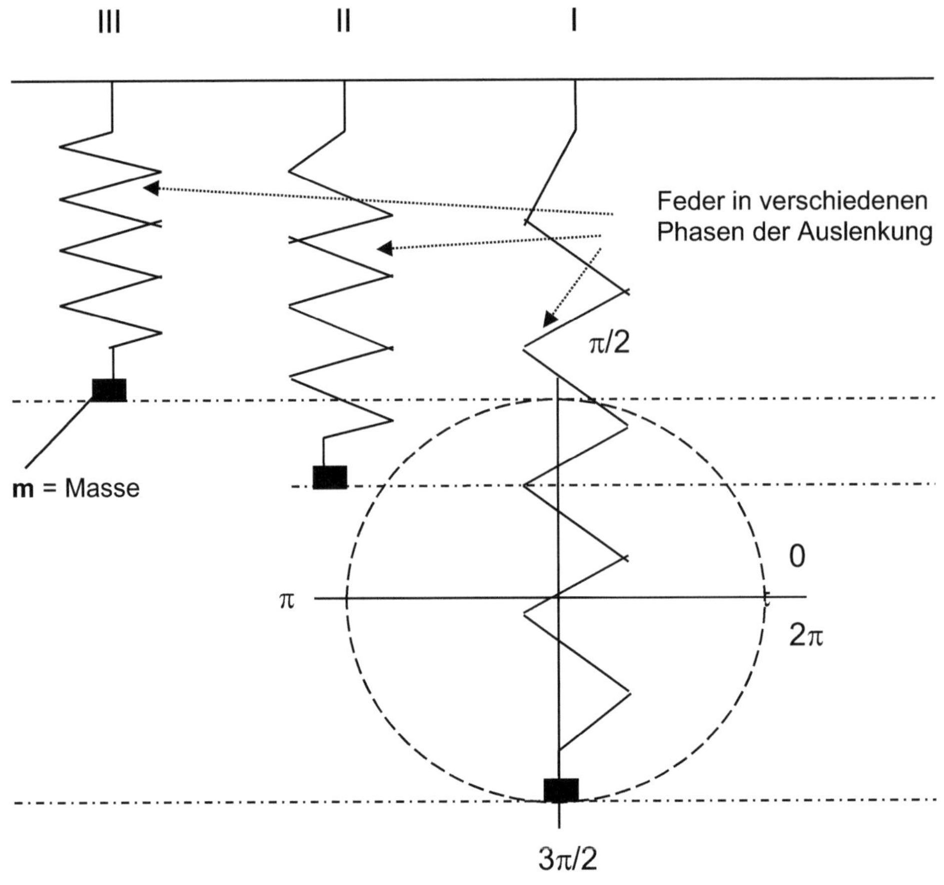

Abb. 1.2 Veranschaulichung von Frequenz und Kreisfrequenz

Wir gehen von einer harmonischen Bewegung aus (Merksatz 1.4 unten)

Wie in der Abbildung Abb. 1.2 dargestellt, schwingt die Feder vertikal. Diese Bewegung lässt sich auch auf den Kreis rechts übertragen. Obwohl die Feder keine Kreisbewegung ausführt, lässt sich jede Auslenkung der Feder auf den Kreis übertragen. Drehung von rechts nach links.

In der Abbildung wäre dies die Position I ganz unten bei $3\pi/2$
Position II entspricht einem Stand zwischen 0 und $\pi/2$ bzw. $\pi/2$ und π
Position III entspricht $\pi/2$
Die Bewegung beginnt bei 0 und endet bei 2π.

Diese so durchlaufene Kreisbewegung entspricht dann entsprechend der Häufigkeit der Umläufe pro Zeiteinheit der Kreisfrequenz. Mathematisch betrachtet, bewegt sich ein Punkt auf dem Kreis von 0 bis 2π.

Die Kreisfrequenz wird mit $\omega = 2\pi / T$. T bezeichnet die Zeit für einen vollständigen Umlauf.

Merksatz 1.4

Ein Teilchen führt eine **einfache harmonische Bewegung** aus, wenn seine Verschiebung x relativ zum Koordinatenursprung als Funktion
$Y = \mathbf{A} \sin (\omega t + \alpha)$ gegeben ist. Hierbei ist $(\omega t + \alpha)$ die Phase und α die ursprüngliche Phase zum Zeitpunkt t = 0 mit $\omega = 2\pi / T$, $\omega t + \alpha$ Bewegung nach links, $\omega t - \alpha$ nach rechts.

Betrachten wir die Sinusfunktion $y = \sin (bx)$, dann ist das Argument x mit einem konstanten Faktor multipliziert. In der Klammer steht eine Funktion von x: bx.

Die Periode ist die kleinste Zahl x_p, für die nachfolgend gilt:

$\sin (b(x + x_p))$ entspricht $\sin (bx)$ bzw.
$\sin (bx + bx_p)$ entspricht $\sin (bx)$

da jede Sinusfunktion die Periode 2π hat ist:

$\sin (a + 2\pi) = \sin (a)$ und damit ist:

$bx = a$ und $bx_p = 2\pi$

die Periode von $y = \sin (bx)$ ist somit:

$x_p = 2\pi / b$, damit erkennt man, dass wenn z.B. der Betrag von b: $|b| < 1$ ist, dass dann die Periode größer als 2π wird.

Versuchen Sie jetzt selbst die Wertetabelle zu vervollständigen und skizzieren Sie den Graphen.

x	2x	sin 2x
0		
π/4		
π/2		
3π/4		
π		
5π/4		
3π/2		

Erklären sie an einem Beispiel die Bedeutung der Kreisfrequenz (siehe oben).

Bestimmen Sie die Geschwindigkeit und zeigen Sie, dass bei einer einfachen harmonischen Bewegung die Beschleunigung des Teilchens proportional und entgegengesetzt zur Verschiebung ist.

Anleitung: Wir betrachten hierzu die Schwingung eines Teilchens an einem beliebigen Punkt Y siehe Abb. 1.3. Die Schwingung hat dann in Abhängigkeit von der Zeit immer eine bestimmte Auslenkung am Punkt Y, diese können wir am Punkt Y mit $A \sin(\omega t - \alpha)$ beschreiben. Wollen wir jetzt dem Teilchen eine Geschwindigkeit v zuordnen, dann müssen wir den Weg nach der Zeit ableiten (v= dy/dt) und erhalten für v= $\omega A \cos(\omega t - \alpha)$. Jetzt übertragen wir die Werte auf den Kreis links (unten) und übertragen diese Werte auf die Zeitachse links (Skizze unten). Denken sie daran, dass meistens für den Weg der Buschstabe x gewählt wird, hier nehmen wir y, da dies die Schwingungsrichtung ist, α sei hier =0. Werte frei wählbar.

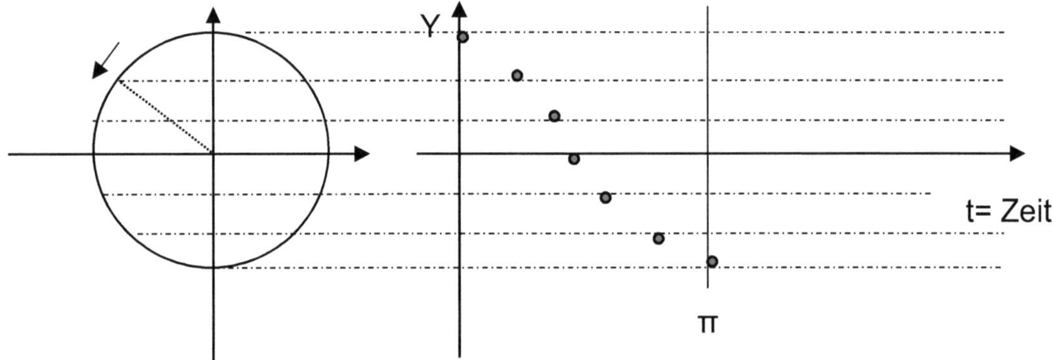

Abb.1.3 Darstellung einer vertikalen Schwingung als Kreisbewegung

Schwingungsfähige Systeme,
in der Physik spricht man in diesem Zusammenhang von harmonische und
anharmonische Oszillatoren:

I) Der freie und ungedämpfte harmonische Oszillator

Für unser Beispiel bedeutet dies, das mit zunehmender Auslenkung eine
Kraft wirkt, die der Auslenkung entgegenwirkt, dabei nimmt die Kraft mit
der Auslenkung proportional zu.

Vorgaben:

Eine Masse m hängt an einer Feder Abb. 1.4, die Feder wird um die
Strecke x gedehnt, dabei spielt die Federkonstante D eine Schlüsselrolle.
Sie ist definiert als Kraft zur Auslenkung F/x.

Hinweis:

Es sollen nur kleine Auslenkungen erfolgen,
dann gilt für die Rücktreibende Kraft das
Hookesche Gesetz:

$$F = - Dx \qquad \text{mit } D > 0$$

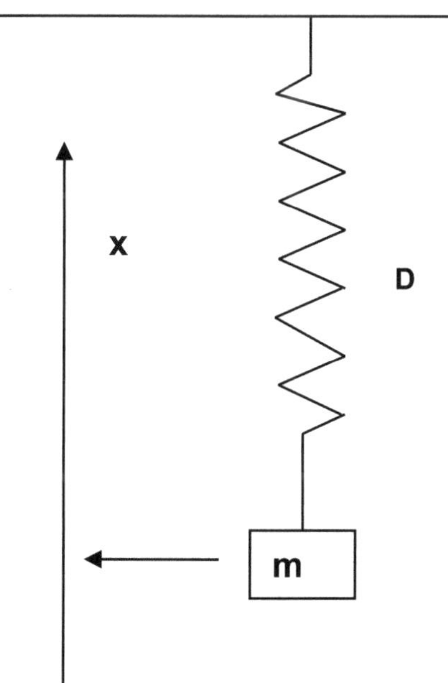

Abb. 1.4 Freier und ungedämpfter harmonischer Oszillator (es findet keine Reibung
statt)

Dann ist die Newton´sche Bewegungsgleichung:

$m \ddot{X}(t) = -Dx(t)$, mit dem Weg X zweimal nach der Zeit abgeleitet oder mit der Kreisfrequenz ω:

$\ddot{X}(t) = -\omega^2_0 \, x(t)$ (Beschleunigung) mit $\omega^2_0 = D/m$.

Wie aber kommen wir auf diese Bewegungsgleichung? Da wir wissen, dass eine Schwingung vorliegt, müssen wir die Winkelgeschwindigkeit ableiten und erhalten für die Beschleunigung $\omega^2_0 \, x(t)$ (Exkurs 1.1 Seite 30 ((Bogenmaß) Winkelgeschwindigkeit).

Grundgesetze der Physik werden oft mit Hilfe von Gleichungen formuliert, in denen man Ableitungen dieser Gleichungen vorfindet. Von besonderer Bedeutung sind hierbei die linearen Differentialgleichungen. Die Lösungen sind nicht immer ganz einfach. Physiker benutzen, wenn es möglich ist, das Verifikationsprinzip. Kommt man hier nicht weiter, versucht man die Lösung systematisch herbeizuführen. Da dem Ungeübten die Erfahrung für das Verifikationsprinzip fehlt, werden wir den zweiten Weg wählen. Die hier beschriebene Mathematik ist ein Werkzeug, auf das wir nicht verzichten können. Dies gilt auch für den harmonischen Oszillator (Exkurs 1.2. Teil I Differentialgleichungen (DLG) Seite 31 und Teil II Seite 33).

Um allgemein eine homogene lineare Differentialgleichung 2-ter (oder auch 1-ter) Ordnung mit konstanten Koeffizienten zu lösen, greifen wir auf den Exponentialansatz zurück. Dabei gehen wir davon aus, dass wir zwei Lösungen ermittelt haben:

Die lineare homogene Differentiallösung ist:

$$a_2 \ddot{Y} + a_1 \dot{Y} + a_0 Y = 0$$

die zwei verschiedenen Lösungen sind Y_1 und Y_2, dann ist auch

$Y = C_1 Y_1 + C_2 Y_2$ eine Lösung der obigen Dgl.

C_1 und C_2 sind Integrationskonstanten und können hier beliebige reelle oder komplexe Zahlen sein, dann haben wir es mit einer allgemeinen Lösung der Dgl. zu tun.

Zum allgemeinen Verfahren:

Wir nehmen wieder die lineare homogene Dgl.:

$$a_2\,\ddot{Y} + a_1\,\dot{Y} + a_0\,Y = 0$$

Diese Differentialgleichung können wir mit dem Exponentialansatz (Mathematik Übungsheft 5: Differentialrechnung) lösen:

Hierzu setzen wir für Y die Funktion e^{rx}

ein und bilden hiervon die erste und zweite Ableitung, die wir wiederum in die obige Gleichung einsetzen und erhalten dann:

$$a_2 r^2 e^{rx} + a_1 r\,e^{rx} + a_0\,e^{rx} = 0$$

durch ausklammern von e^{rx}

ergibt dies: $e^{rx}\,(\,a_2\,r^2 + a_1 r + a_0\,) = 0$

e^{rx} ist dabei für jeden endlichen Wert von x von Null verschieden, weshalb der Wert in der Klammer gleich Null sein muss.

Wir dividieren durch e^{rx} und erhalten somit eine Bestimmungsgleichung für r:

$$a_2\,r^2 + a_1\,r + a_0 = 0$$

Um diese zu lösen, greifen wir auf die 1. Binomische Formel zurück *(siehe Mathematik Übungsheft 2: 1.8):*

$$(a + b)(a + b) = a^2 + 2ab + b^2$$

Zunächst dividieren wir $a_2\,r^2 + a_1\,r + a_0 = 0$ durch a_2

Dies ergibt:

$$r^2 + \frac{a_1}{a_2}\, r + \frac{a_0}{a_2} = 0$$

Jetzt nutzen wir die 1. Binomischen Formel und mit a = r und b = $\frac{a_1}{2a_2}$ ergibt sich:

$$\left(r + \frac{a_1}{2a_2}\right)\left(r + \frac{a_1}{2a_2}\right) = r^2 + 2r\,\frac{a_1}{a_2} + \left(\frac{a_1}{2a_2}\right)^2$$

Jetzt fügen wir entsprechend unserer Differentialgleichung

$$r^2 + \frac{a_1}{a_2}\, r + \frac{a_0}{a_2} = 0$$

die quadratische Ergänzung hinzu, ziehen b² ab und erhalten:

$$r^2 + 2r\,\frac{a_1}{2a_2} + \left(\frac{a_1}{2a_2}\right)^2 - \left(\frac{a_1}{2a_2}\right)^2 + \frac{a_0}{a_2} = 0$$

Mit der 1. Binomischen Formel (a + b)(a + b) ergibt dies:

$$\left(r + \frac{a_1}{2a_2}\right)\left(r + \frac{a_1}{2a_2}\right) - \left(\frac{a_1}{2a_2}\right)^2 + \frac{a_0}{a_2} = 0$$

$$\left(r + \frac{a_1}{2a_2}\right)\left(r + \frac{a_1}{2a_2}\right) = \left(\frac{a_1}{2a_2}\right)^2 - \frac{a_0}{a_2}$$

Mit Hilfe der quadratischen Ergänzung erhalten wir, wenn r_1 und r_2 verschieden sind somit:

$$r_{1/2} = -\frac{a_1}{2a_2} \pm \sqrt{\frac{a_1^2}{4a_2^2} - \frac{a_0}{a_2}}$$

zwei Lösungen:

$$Y_1 = e^{r_1 x} \quad \text{und} \quad Y_2 = e^{r_2 x}$$

Dann ist die allgemeine Lösung mit den Konstanten C_1 und C_2:

$$Y = C_1\, e^{r_1 x} + C_2\, e^{r_2 x}$$

Wichtig ist, dass die beiden Lösungen sich nicht für alle X-Werte aus dem betrachteten Intervall abbilden lassen. Diese Lösungen dürfen nicht durch Multiplikation mit einem konstanten Faktor auseinander entstehen. Diese Art Lösungen werden als linear unabhängig bezeichnet. In der Physik werden diese Konstanten durch die Rand- oder auch Nebenbedingungen des betrachteten Systems ermittelt.
Die Lösungen selbst können in Abhängigkeit der Konstanten stark voneinander abweichen.

Um zu einem physikalischen Ergebnis zu gelangen, ist es jetzt wichtig den Wurzelausdruck genau zu untersuchen, dabei erkennen wir, dass wir 3 Ergebnisse erhalten (die Zahl unter der Wurzel wird als Radikand Bezeichnet):

$$\left(\frac{a_1^2}{4a_2^2} - \frac{a_0}{a_2} \right)$$

Fall 1) Ist der Wert ist positiv, dann sind r_1 und r_2 reell unterschiedlich.

Fall 2) Ist der Wert ist negativ, dann sind r_1 und r_2 komplexe Zahlen und konjugiert komplex zueinander.

Fall 3) Ist der Wert ist gleich Null, dann erhält man die Doppelwurzel

$$r_1 = r_2 = -\frac{a_1}{2a_2}$$

zu Fall 1) dieser erfordert keine weitere Erklärung
zu Fall 2) diesen müssen wir uns etwas genauer anschauen, denn in der Physik interessieren wir uns hauptsächlich für reelle Lösungen, da diese eine reale anschauliche Bedeutung haben.

Vereinfachen wir das Ganze und schreiben für:

$$r_1 = a + ib \quad \text{und} \quad r_1 = a - ib$$

$$a = -\frac{a_1}{2a_2}$$

$$\text{und} \quad b = \sqrt{\frac{a_1^2}{4a_2^2} - \frac{a_0}{a_2}}$$

Bitte machen Sie sich ggf. mit komplexen Systemen vertraut *(Mathematik Übungsheft 15: Komplexe Zahlen*

Setzen Sie $r_1 = a + ib$, $r_1 = a - ib$ ein, dann erhalten wir die allgemeine Lösung:

$$Y = C_1\, e^{r_1 x} + C_2\, e^{r_2 x}$$

$$Y = C_1 e^{(a+ib)x} + C_2\, e^{(a-ib)x}$$

$$Y = e^{ax}\left(C_1 e^{ibx} + C_2\, e^{-ibx} \right)$$

Ziehen wir jetzt die Eulerschen Gleichungen heran:

$$e^{\pm ix} = \cos x \pm i \sin x$$

und ersetzen die komplexe Exponentialfunktion durch
cos- und sin- Funktionen, dann erhalten wir:

$$Y = e^{ax}\left[C_1\,(\cos bx + i\sin bx) + C_2\,(\cos bx - i\sin bx) \right]$$

$$Y = e^{ax}\left[(C_1 + C_2)\cos bx + (C_1 - C_2)\, i\sin bx \right.$$

Wir fassen jetzt $(C_1 + C_2) = A$ und $(C_1 - C_2) = B$ zu neuen Konstanten zusammen und erhalten mit:

$$Y = e^{ax}\left[A\cos bx + i\,B\sin bx \right] \quad \text{eine allgemeingültige Lösung.}$$

Jetzt haben wir für die komplexe Lösungsfunktion noch eine reellwertige Lösungsfunktion anzugeben, es gilt:

$$a_2\,(Y_1 + i\,Y_2)'' + a_1\,(Y_1 + i\,Y_2)' + a_0\,(Y_1 + i Y_2) = 0$$

geordnet nach reellen und imaginären Größen:

$$a_2\,Y''_1 + a_1 Y'_1 + a_0 Y_1 + i\,(a_2\,Y''_2 + a_1 Y'_2 + a_0 Y_2) = 0,$$

weiter gilt, dass eine komplexe Zahl genau dann Null ist, wenn der Realteil und der imaginäre Teil gleichzeitig Null sind (in den Gleichungen steht $Y''\,bzw.\,Y'$ hier für ein- bzw. zweimal abgeleitet).

Es gilt somit:

$$a_2 Y''_1 + a_1 Y'_1 + a_0 Y_1 = 0 \quad \text{für den reellwertigen Teil und für}$$
$$i\,(a_2 Y''_2 + a_1 Y'_2 + a_0 Y_2) \quad \text{gilt, dass dieser Teil = 0 ist, wenn}$$

der Teil in der Klammer 0 ist.

Daraus folgt, dass sowohl:

$$Y_1 \text{ als auch } Y_2 \text{ Lösungen der Dgl. sind.}$$

In unserem Fall bedeutet das, dass zu der komplexen Lösung:

$$Y = e^{ax}\,(A\,\cos bx + i\,B\,\sin bx)$$

auch die allgemeine reellwertige Lösung

$$Y = e^{ax}\,(A\,\cos bx + B\,\sin bx) \text{ gehört.}$$

zu Fall 3) hier erhalten wir mit der oben erhaltenen Doppelwurzel:

$$r_1 = r_2 \;=\; -\frac{a_1}{2a_2}$$

nur eine Lösung, um eine allgemeine zu erhalten, wird noch eine zweite benötigt. Diese erhält man durch die Variation der Konstanten, wobei eine Lösung bekannt ist, und zwar die, die wir durch den Exponentialansatz erhalten haben:

$$Y_1 = e^{r_1 x} \quad \text{und für die zweite Lösung } Y_2 = x\,e^{r_1 x}$$

und mit den Konstanten C_1 und C_2 versehen, erhalten wir jetzt:

$$Y = C_1\,e^{r_1 x} + C_2 x\,e^{r_1 x}$$

Kehren wir zum freien und ungedämpften linearen harmonischen Oszillator zurück:

Wir haben bereits die Newton´sche Bewegungsgleichung aufgestellt, mit der Beschleunigung:

$$\ddot{x}(t) = -\omega_0^2\, x(t) \quad \text{mit } \omega_0^2 = D/m$$

und verfügen damit über die Differentialgleichung:

$$\ddot{x}(t) + \omega_0^2\, x(t) = 0$$

Hierfür suchen wir jetzt nach einer speziellen Lösung sowie nach einer allgemeinen Lösung, dabei kommt wieder der Exponentialansatz mit:

$$X(t) = e^{rt} \quad \text{zum Tragen und wir erhalten:}$$

$$r^2 + \omega_0^2 = 0$$

$$\text{ergibt für } r_1 = i\,\omega_0$$
$$\text{ergibt für } r_2 = -i\,\omega_0$$

$$X(t) = C_1\, e^{i\omega_0 t} + C_2\, e^{-i\omega_0 t}$$

Entsprechend Euler:

$$e^{\pm i\omega_0 t} = \cos\omega_0 t \pm i\sin\omega_0 t \quad \text{eingesetzt, gilt:}$$

$$X(t) = C_1(\cos\omega_0 t + i\sin\omega_0 t) + C_2(\cos\omega_0 t - i\sin\omega_0 t)$$

$$X(t) = C_1\cos\omega_0 t + C_1 i\sin\omega_0 t + C_2\cos\omega_0 t - C_2 i\sin\omega_0 t$$

$$X(t) = (C_1 + C_2)\cos\omega_0 t + (C_1 - C_2)\, i\sin\omega_0 t$$

mit $A = C_1 + C_2$ und $B = C_1 - C_2$

Unsere allgemeine komplexe Lösungsfunktion ist somit, wie wir bereits wissen:

$$X = A\cos\omega_0 t + Bi\sin\omega_0 t$$

Es gilt jetzt eine reellwertige Funktion zu finden, hierzu gehen wir zurück zu:

$$a_2\,\ddot{Y} + a_1\,\dot{Y} + a_0 Y = f(x)\ mit\ f(x) = 0$$

Dabei ist die ermittelte Lösungsfunktion eine komplexe Funktion Y der reellen Veränderlichen x.

Y = Y_1(x) + i Y_2(x) mit der imaginären Einheit i, dabei sollen Y_1 und Y_2 voneinander verschieden sein. Jetzt sind Y_1 der Realteil und Y_2 der Imaginärteil der speziellen Lösungen der Differentialgleichung. Die allgemeine reellwertige Lösung ist dann:

Y = $C_1 Y_1$ + $C_2 Y_2$ und in unserem Fall ist dies:

$$X(t) = C_1 \cos \omega_0 t + C_2 \sin \omega_0 t$$

Damit lassen sich jetzt die Randbedingungen festlegen:

Ort zur Zeit t = 0: $\qquad\qquad X(0) = 0$

Geschwindigkeit zur Zeit t = 0: $\quad \dot{x}(0) = V_0$

Gesucht: C_1 und C_2 für die spezielle Lösung.

1. Bedingung: X(0) = 0 = $C_1 \cos 0 + C_2 \sin 0 = C_1$

2. ergibt für $\dot{X}(0) = V_0 = -C_1\,\omega_0 \sin 0 + C_2\,\omega_0 \cos 0 = C_2\,\omega_0$

$$V_0 = C_2\,\omega_0$$

Umgestellt nach C_2 ergibt das: $C_2 = \dfrac{V_0}{\omega_0}$

Die spezielle Lösung ist damit:

$$X(t) = \frac{V_0}{\omega_0} \sin \omega_0\, t$$

Und die allgemeine Lösung ist, wie wir bereits wissen:

$$X(t) = C_1 \cos \omega_0 t + C_2 \sin \omega_0 t$$

Diese allgemeine Lösung ist eine Superposition aus zwei trigonometrischen Funktionen gleicher Frequenz. Um diese Lösung zu verstehen, ist es wichtig sich nochmal mit den Additionstheoremen zu beschäftigen, dann finden wir, dass folgendes gilt:

$$\cos(\varphi_1 + \varphi_2) \; = \; \cos\varphi_1 \cos\varphi_2 - \sin\varphi_1 \sin\varphi_2$$

Setzen wir jetzt für $C_1 = C\cos\alpha$ und für $C_2 = -C\sin\alpha$ und setzen dies in die allgemeine Lösung ein, erhalten wir:

$$X(t) = \; C\cos\alpha \; \cos\omega_0 t - C\sin\alpha \sin\omega_0\, t \text{ was wir}$$
jetzt als: $X(t) = \; C\cos\,(\omega_0 t + \alpha)$ schreiben können.

Zur Superposition: Um etwas mehr über die Amplitude erfahren, befassen wir uns kurz mit der Superposition und legen fest, dass die zwei betrachteten Funktionen über die gleiche Periode verfügen, wobei die Amplituden verschieden sein können. Die Summe der zwei Funktionen muss wieder zu einer Funktion gleicher Periode führen, allerdings ist sie phasenverschoben und die Amplitude hängt von den Amplituden der Ausgangsfunktionen ab.

Allgemein gilt:

$$A\sin\varphi \; + \; B\cos\varphi \; = \; C\sin(\varphi \; + \; \varphi_0)$$

mit der Amplitude: $\quad C \; = \; \sqrt{A^2 \; + \; B^2}$

und der Phase: $\quad \tan\varphi_0 = \dfrac{B}{A}$

Führen sie bitte für sich den Beweis für die obige Superposition schauen sie hierzu auf die Hilfsskizze Abb. 1.5 (unten). Hilfe für die Lösung finden Sie in (Mathematik Übungsheft 4: 1.14.3).

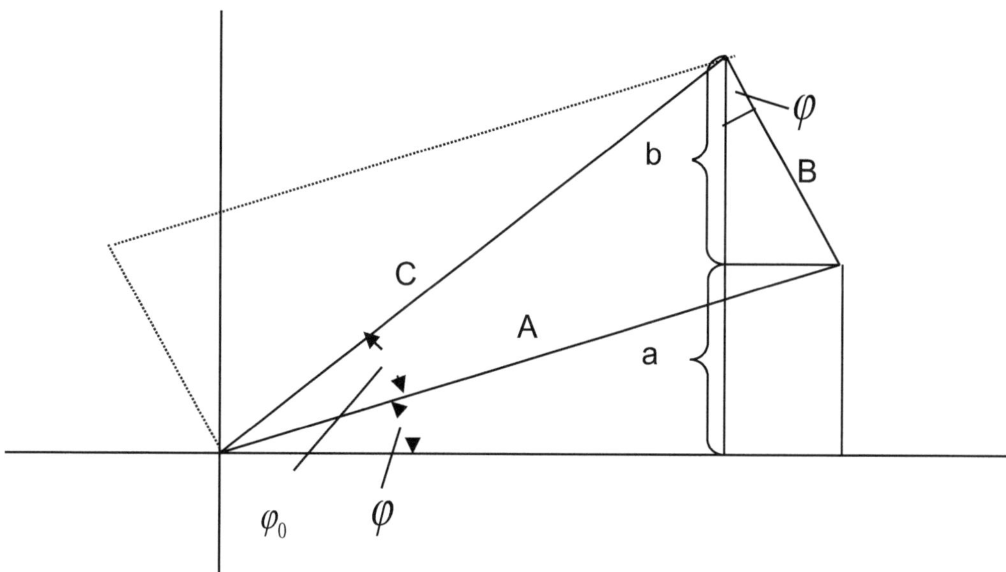

Abb. 1.5 Superposition

Nachdem wir zuvor C_1 und C_2 festgelegt haben, wissen wir, dass

$$C = \sqrt{C_1^2 + C_2^2} \quad \text{ist.}$$

Damit können wir uns unsere allgemeine Lösung
$X(t) = C \cos(\omega_0 t + \alpha)$ nochmal vornehmen, geben die
Randbedingungen vor und bestimmen dann C und α.

Wie zuvor wählen wir:
Ort zur Zeit t = 0: $\qquad\qquad X(0) = 0$
Geschwindigkeit zur Zeit t = 0: $\quad \dot{x}(0) = V_0$
und erhalten mit $\qquad\qquad\qquad X(0) = 0 = C \cos(0 + \alpha)$
$$\text{für } \alpha = \frac{\pi}{2}$$

$$\dot{X}(0) = V_0 = C \omega_0 \sin\left(0 + \frac{\pi}{2}\right) = C \omega_0$$

Dann ist mit $C = \dfrac{V_0}{\omega_0}$ die Lösung:

$$X(t) = \frac{V_0}{\omega_0} \cos\left(\omega_0 t + \frac{\pi}{2}\right) = \frac{V_0}{\omega_0} \sin \omega_0 t$$

Die spezielle Lösung ist somit identisch mit der allgemeinen Lösung.

II) Der gedämpfte harmonische lineare Oszillator

Der harmonische Oszillator stellt einen Idealfall dar. In der Natur werden die Bewegungen durch Reibungskräfte gehemmt. Wir definieren daher eine Reibungskraft F_R, die der Geschwindigkeit $\dot{x}$ proportional ist:

$$F_r = R\,\dot{x}$$

R ist dabei die Reibungskonstante

Die Newton'sche Bewegungsgleichung ist somit:

$$m\,\ddot{x} = -R\,\dot{x} - Dx \quad \text{mit} \quad m\,\ddot{x} + R\,\dot{x} + Dx = 0$$

Mit dem Exponentialansatz $X(t) = e^{rt}$ erhalten wir die charakteristische Gleichung:

$$m\,r^2 + Rr + D = 0$$

$$\text{mit} \quad r_{1,2} = -\frac{R}{2m} \pm \sqrt{\frac{R^2}{4m^2} - \frac{D}{m}}$$

in Abhängigkeit vom Radikanden erhalten wir zwei Lösungen:

1) $r_{1,2}$ **sind reell** (Radikand ist positiv) **für:**

$$r_{1,2} = \frac{R^2}{4m^2} > \frac{D}{m}$$

dann ist die allgemeine Lösung:

$$X(t) = e^{-\frac{R}{2m}t}\left(C_1 e^{\sqrt{\frac{R^2}{4m^2} - \frac{D}{m}}\,t} + C_2 e^{-\sqrt{\frac{R^2}{4m^2} - \frac{D}{m}}\,t}\right)$$

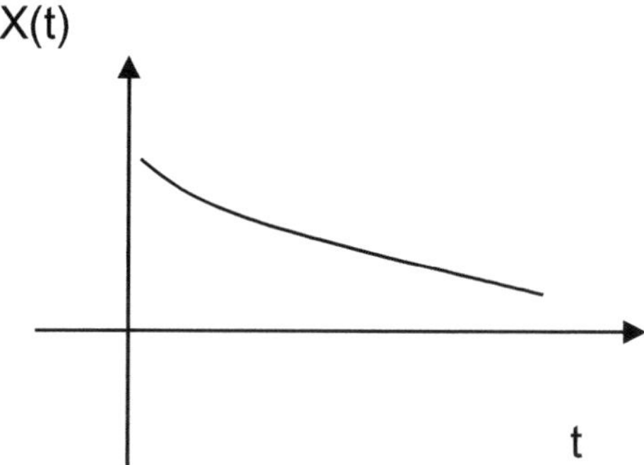

Abb. 1.6 Insgesamt exponentiell abfallende Kurve

Wir erhalten damit eine **insgesamt exponentiell abfallende Kurve**. In der Klammer haben wir eine steigende und eine fallende Funktion. Die steigende Funktion wächst langsamer als der vor der Klammer stehende Term, damit gilt:

$$\frac{R}{2m} > \sqrt{\frac{R^2}{4m^2} - \frac{D}{m}}$$

2) $r_{1,2}$ sind konjugiert komplex:

$$\frac{R^2}{4m^2} < \frac{D}{m}$$

Für die allgemeine Lösung erhalten wir:

$$X(t) = e^{-\frac{R}{2m}t}\left(C_1 \cos\sqrt{\frac{D}{m} - \frac{R^2}{4m^2}}\,t + C_2 \sin\sqrt{\frac{D}{m} - \frac{R^2}{4m^2}}\,t \right)$$

Mit Hilfe der Additionstheoreme können wir die Gleichung wie schon zuvor umformen, wir nutzen:

$$C \cos(x - \alpha) = C \cos x \cos \alpha + C \sin x \sin \alpha = C_1 \cos x\ C_2 \sin x$$

mit $C_1 = C \cos \alpha$ und $C_2 = C \sin \alpha$ erhalten wir:

$$X(t) = e^{-\frac{R}{2m}t} \; C \cos\left(\sqrt{\frac{D}{m} - \frac{R^2}{4m^2}}\, t - \alpha\right)$$

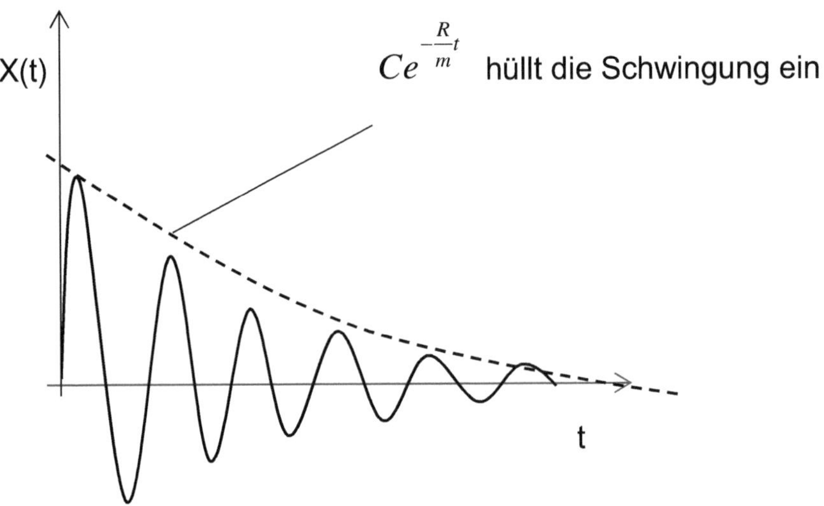

Abb. 1.7 Schwingung mit exponentiell abfallender Amplitude

3) $r_1 = r_2 = -\dfrac{R}{2m}$

da der Wurzelausdruck mit $\dfrac{R^2}{4m^2} = \dfrac{D}{m}$ verschwindet und wir erhalten

$$X(t) = (C_1 + C_2 x)\, e^{-\frac{R}{2m}t}$$ als Lösung und der Verlauf wird als

aperiodischer Grenzfall bezeichnet.

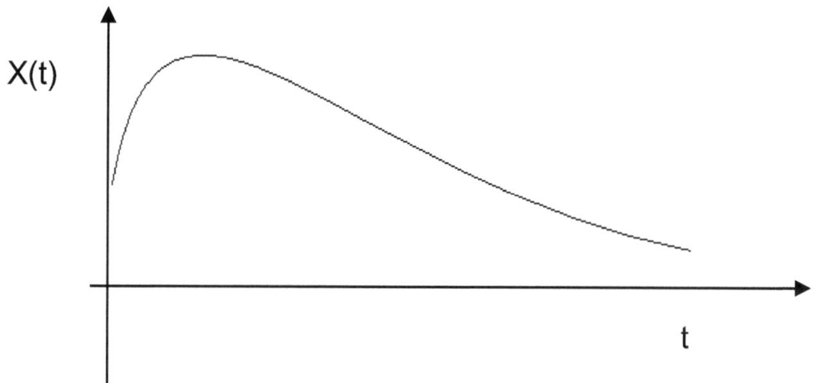

Abb. 1.8 Aperiodischer Grenzfall, hierbei wird die kleinste Dämpfung beschrieben. Das ausgelenkte System strebt der Gleichgewichtslage zu, ohne dass es zu einem Überschwingen kommt (es wird also kein Richtungswechsel vorgenommen). Die Anfangsgeschwindigkeit beim Start im ausgelenkten Zustand ist dabei 0.

III) Inhomogenes System

Beispiel hierfür ist der gedämpfte harmonische Oszillator, auf den eine äußere Kraft wirkt. Man kann hier auch von einer erzwungenen Schwingung sprechen (siehe Mathematik Übungsheft 14: 5.5).

Diese Form eines Oszillators können wir in zahlreichen Bereichen der Physik wiederfinden: so z.B. wenn wir einen gedämpften harmonischen Oszillator betrachten und auf ihn eine äußere Kraft wirken lassen.

Dies könnte ein Teilchen sein, das einer elastischen Kraft unterliegt und auf das eine äußere Schwingungsbewegung ausgeübt wird. So ist dies der Fall, wenn man eine Stimmgabel in einen Resonanzkasten legt und dadurch die Wände und die Luft im Kasten zum Schwingen gezwungen werden. Gleiches können auch elektromagnetische Wellen leisten, die von einer Antenne absorbiert werden, auf den Stromkreis eines Radios oder Fernsehers einwirken und so erzwungene elektrische Schwingungen hervorrufen.

Bleiben wir bei unserem Beispiel (Abb. 1.9 unten) und lassen auf das System eine zusätzliche äußere Kraft einwirken:

$F_A = F_0 \cos(\omega_A t)$,der Index A bezeichnet die äußere Kraft
Unsere Newton'sche Bewegungsgleichung lautet somit:

$$m\ddot{x} + R\dot{x} + Dx = F_0 \cos(\omega_A t)$$

Wir haben gelernt, dass die allgemeine Lösung dieser inhomogenen linearen Differentialgleichung gleich der Summe der allgemeinen Lösung, der dazugehörigen homogenen Differentialgleichung plus einer speziellen Lösung der inhomogenen Differentialgleichung ist.

Es gibt jetzt die Möglichkeit, die Gleichung systematisch zu lösen oder aufgrund von Erfahrung eine spezielle Lösung zu erraten und uns die Arbeit damit zu erleichtern. Da die erste systematische Lösung sehr aufwendig ist, versuchen wir es mit der zweiten Möglichkeit.

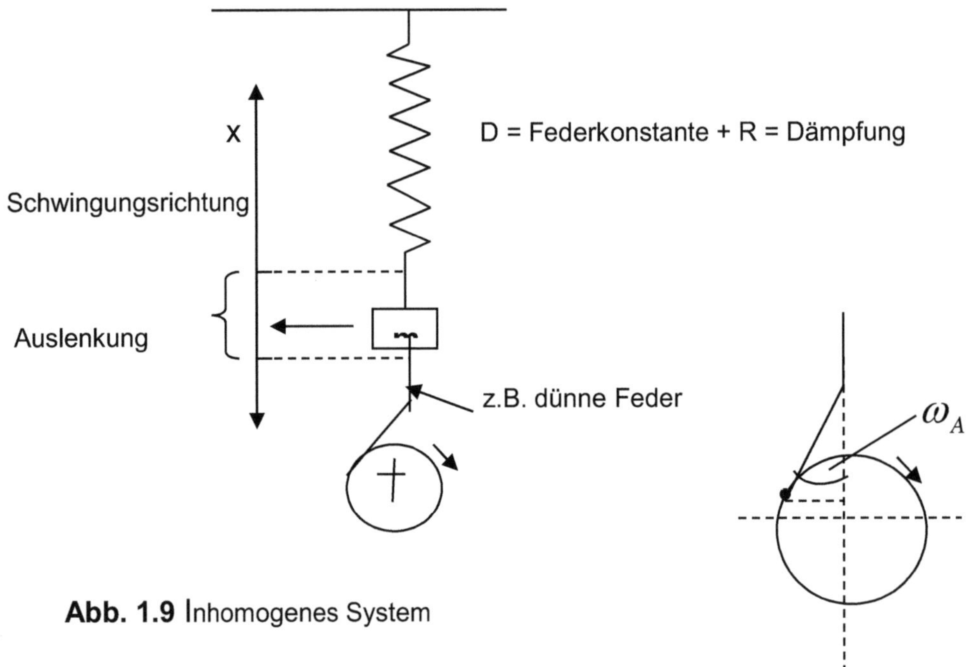

Abb. 1.9 Inhomogenes System

Die Form $F_A = F_0 \cos(\omega_A t)$ der zusätzlichen äußeren Kraft ergibt sich in der Abb. 1.9 durch einen Exzenter unten rechts und stellt das inhomogene (Glied) des Systems dar. Das inhomogene Glied gibt zur Vermutung Anlass, dass die spezielle Lösung X_s von der Form:

$$X_s(t) = X_0 \cos(\omega_A - \alpha) \text{ ist.}$$

Doch erst müssen wir klären, was X_0 und die Phase oben bedeutet.

Jetzt ist es wichtig zu wissen, dass das Teilchen bzw. die Masse nicht mit der ungedämpften Kreisfrequenz schwingen wird und auch nicht mit der gedämpften Kreisfrequenz. Im Gegenteil das Teilchen wird gezwungen mit der Kreisfrequenz ω_A der ausgeübten Kraft zu schwingen. Abschließend betrachten wir die Phase $\omega_A - \alpha$ wobei α die ursprüngliche Phase darstellt und X_0 ist die Amplitude. Sowohl die

Amplitude als auch α sind jetzt festgelegte Größen, die von der Frequenz ω_A der ausgeübten Kraft abhängen.

Mit Hilfe der Additionstheoreme erhalten wir für:

$$X_s(t) = X_0 \cos(\omega_A t) \cos \alpha + X_0 \sin(\omega_A t) \sin \alpha$$

jetzt differenzieren wir zweimal nach t und erhalten:

$$\dot{X}_s(t) = -X_0 \omega_A \sin(\omega_A t) \cos \alpha + X_0 \omega_A \cos(\omega_A t) \sin \alpha$$

$$\ddot{X}_s(t) = -X_0 \omega_A^2 \cos(\omega_A t) \cos \alpha - X_0 \omega_A^2 \sin(\omega_A t) \sin \alpha$$

$\ddot{X}_s(t)$ und $\dot{X}_s(t)$ wird in die Differentialgleichung
$m\ddot{x} + R\dot{x} + Dx - F_0 \cos(\omega_A t) = 0$ eingesetzt:

$$-m(X_0 \omega_A^2 \cos(\omega_A t) \cos \alpha - X_0 \omega_A^2 \sin(\omega_A t) \sin \alpha)$$

$$+ R(-X_0 \omega_A \sin(\omega_A t) \cos \alpha + X_0 \omega_A \cos(\omega_A t) \sin \alpha) - F_0 \cos(\omega_A t) = 0$$

und die Terme nach den Faktoren von $\cos(\omega_A t)$ und $\sin(\omega_A t)$ umgeordnet:

$$\cos \omega_A t \,(-m X_0 \omega_A^2 \cos \alpha + R X_0 \omega_A \sin \alpha + D X_0 \cos \alpha - F_0)$$

$$+ \sin \omega_A t \,(-m X_0 \omega_A^2 \sin \alpha + R X_0 \omega_A \cos \alpha + D X_0 \sin \alpha) = 0$$

Wenn die Gleichung zu jedem Zeitpunkt gleich Null sein soll, dann müssen beide Klammern verschwinden. Hierzu fassen wir die Klammerinhalte neu zusammen und erhalten die zwei Gleichungen für X_0 und α:

Erste Gleichung: $\quad R \omega_A X_0 \sin \alpha + (D - m\omega_A^2) X_0 \cos \alpha - F_0 = 0$

$$\text{bzw.:} \quad R \omega_A X_0 \sin \alpha + (D - m\omega_A^2) X_0 \cos \alpha = F_0$$

Zweite Gleichung: $(D - m\omega_A^2)X_0 \sin\alpha - R\,\omega_A\,X_0 \cos\alpha = 0$

Jetzt folgt die Auflösung der zweiten Gleichung nach $X_0 \cos\alpha$:

$$X_0 \cos\alpha = \frac{(D - m\omega_A^2)X_0 \sin\alpha}{R\,\omega_A}$$

Das Ergebnis setzen in die erste Gleichung ein:

$$R\,\omega_A\,X_0 \sin\alpha + (D - m\omega_A^2)\,\frac{(D - m\omega_A^2)X_0 \sin\alpha}{R\,\omega_A} - F_0 = 0$$

und lösen sie nach $X_0 \sin\alpha$ auf und erhalten:

$$X_0 \sin\alpha = \frac{R\omega_A\,F_0}{(R\,\omega_A)^2 + (D - m\,\omega_A^2)^2}$$

Entsprechend erhalten wir:

$$X_0 \cos\alpha = \frac{F_0\,(D - m\omega_A^2)}{(R\,\omega_A)^2 + (D - m\omega_A^2)^2}$$

Es folgt die Division der beiden Gleichungen:

$$\frac{X_0 \sin\alpha}{X_0 \cos\alpha} = \tan\alpha = \frac{\omega_A\,R}{D - m\omega_A^2}$$

Unsere Phase ist somit $\tan\alpha = \dfrac{\omega_A\,R}{D - m\omega_A^2}$

Für die Amplitude gilt (siehe Superposition):

An dieser Stelle erinnern wir uns wieder an die Superposition, wo wir für die Amplitude $C = \sqrt{A^2 + B^2}$ ist.

In unserem Fall entspricht C dem X_0:

$$X_0^2 \sin^2 \alpha + X_0^2 \cos^2 \alpha = X_0^2$$

Wir quadrieren und addieren somit die Gleichungen und es folgt für x_0^2:

$$\frac{F_0^2 \left[\omega_A^2 R^2 + (D + m\omega_A^2)^2\right]}{\left[(D - m\omega_A^2)^2 + \omega_A^2 R^2\right]^2} = \frac{F_0^2}{(D - m\omega_A^2)^2 + \omega_A^2 R^2}$$

Somit folgt für die Amplitude:

$$X_0 = \frac{F_0}{\sqrt{(D - m\omega_A^2)^2 + \omega_A^2 R^2}}$$

Unsere allgemeine Lösung ist dann mit:

$$X(t) = X_h(t) + X_s(t) \quad \text{gleich:}$$

$$X(t) = X_h + \frac{F_0}{\sqrt{(D - m\omega_A^2)^2 + \omega_A^2 R^2}} \cos(\omega_A t - \alpha)$$

$x_h(t)$ ist die allgemeine Lösung der homogenen Differentialgleichung

$x_h(t)$ ist für D>0 eine exponentiell abklingende Funktion und nach entsprechend genügend langer Zeit praktisch gleich Null.

Die Masse m schwingt dann nur noch entsprechend der folgenden Funktion:

$$X(t) = \frac{F_0}{\sqrt{(D - m\omega_A^2)^2 + \omega_A^2 R^2}} \cos(\omega_A t - \alpha),$$

mit der Frequenz ω_A und wir sprechen hier von einer Schwingung, die als stationäre Lösung bezeichnet wird.

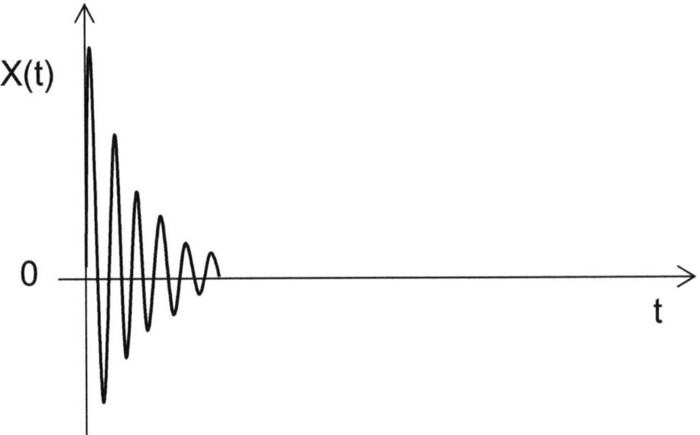

Abb. 1.10 Allg. allgemeine Lösung der homogenen Differentialgleichung Xh (t)

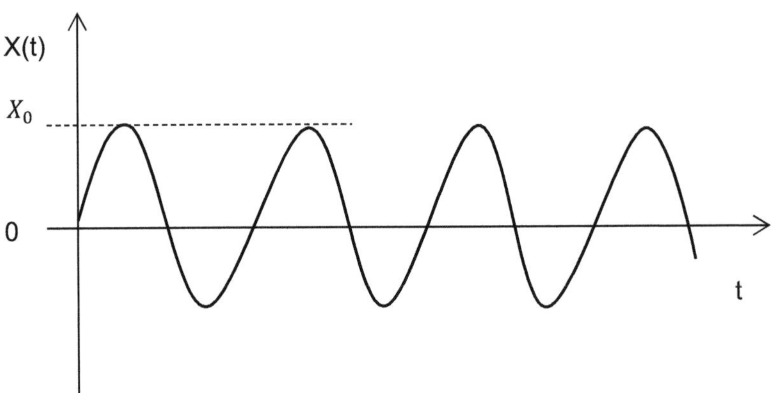

Abb. 1.11 Xs(t) stellt eine spezielle Lösung der Differentialgleichung dar

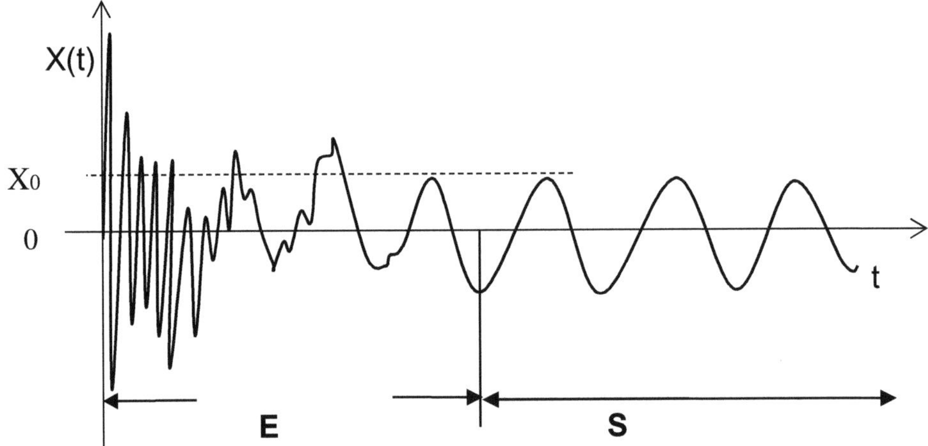

Abb. 1.10 Xh(t) + Xs(t) stellt als Summe die allgemeine Lösung der inhomogenen Differentialgleichung dar. Hier kann man gut den Einschwingbereich (E) erkennen, der dann in einen stationären Zustand (S) übergeht.

Betrachten wir abschließend nochmal die Amplitude X_0 in Abhängigkeit von der Kreisfrequenz ω_A der auf die Masse m wirkende äußere Kraft, dann können wir durch Veränderung von ω_A den Maximalwert von X_0 einstellen:

Der Wert für ω_A bei dem X_0 maximal ist, ist die Resonanzfrequenz.

Hierbei haben wir es mit einer Extremwertaufgabe zu tun. Die Bedingung ist:

$$\frac{dx_0}{d\omega_0} = 0$$

und wir erhalten:
$$\omega_{AR} = \sqrt{\omega_0^2 - \frac{R^2}{2m^2}}$$

Haben wir R=0, dann ist das System ungedämpft und die Resonanzfrequenz ist gleich der Schwingungsfrequenz des ungedämpften Oszillators. X_0 ist jetzt unendlich groß, da der Nenner von X_0 verschwindet. In diesem Fall liegt eine Resonanzkatastrophe vor.

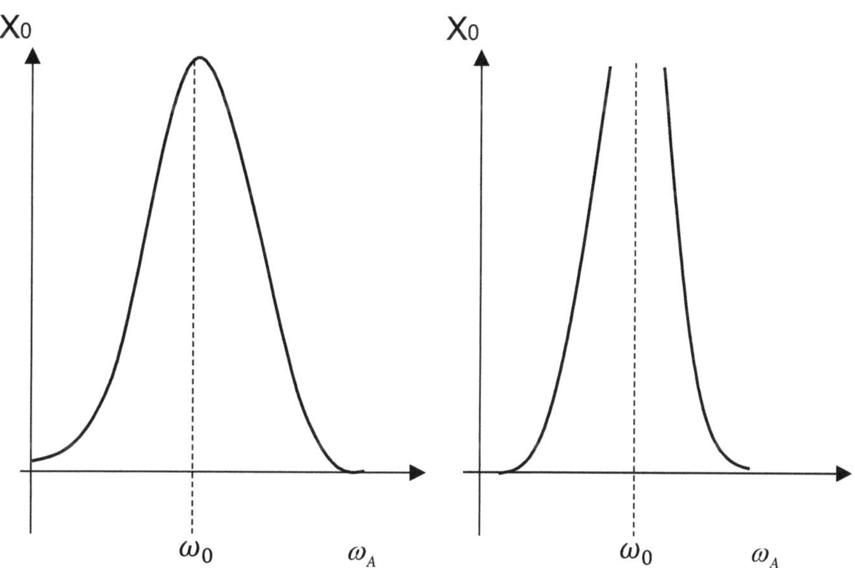

Abb. 1.12 a) Amplitude der gedämpften erzwungenen Schwingung für $R \neq 0$,

Abb. 1.12 b) Amplitude der ungedämpften erzwungenen Schwingung für $R = 0$.

Wichtig

Das hier erlangte Wissen, hat in vielen weiteren Bereichen der Physik eine tragende Rolle, was wir auch im Bereich der Atom- und Kernphysik sehen werden.

Lerninhalte:

Sie können jetzt: 1. Beispiele für den Begriff Schwingungen geben und deren Bedeutung erklären
2. Winkelgeschwindigkeit mit Hilfe des Bogenmaßes erklären
3. sagen, was man unter harmonische Schwingungen zu verstehen hat
4. die gedämpften harmonische Schwingungen erklären, adiabatischen Vorgang beschreiben
5. sagen, wann man von einer erzwungenen Schwingung spricht.

Exkurs 1.1 (Bogenmaß) Winkelgeschwindigkeit

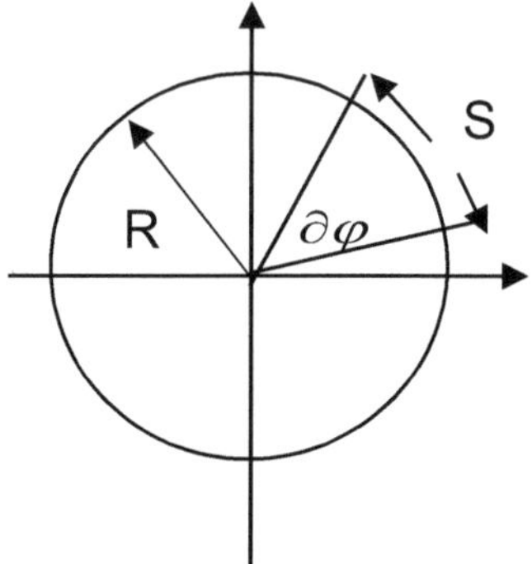

Länge des Kreisabschnittes:

$$S = \partial\varphi \, R$$

Winkelgeschwindigkeit:

$$\frac{\partial\varphi}{\partial t} = \omega$$

Geschwindigkeit:

$$\frac{\partial S}{\partial t} = \omega R$$

Wie muss man sich das vorstellen?

Wir wissen das Kreisumfang $2\,r\,\pi$ ist, dies ist also U (Kreisumfang), für den halben Kreisumfang haben wir $r\,\pi = U/2$, nehmen wir einen beliebig
kleinen Winkel, *dann haben wir, wie oben dargestellt:*

$S = \partial\varphi \, R$, hier können wir auch $\partial U = S$ schreiben

Leiten wir die Geschwindigkeit ωR nochmal nach der Zeit ab, erhalten wir die Beschleunigung: $\omega^2 R$

Dieses Wissen übertragen wir dann, auf die von uns betrachtete Federschwingung.

Mathematik Übungsheft 4: Bogenmaß

__Exkurs 1.2 Teil I__ Differentialgleichungen (Dgl.)

Eine Differentialrechnung dient der Berechnung einer Funktion, mit der wir z.B. den Ort X als Funktion der Zeit ermitteln. Um die Lösung für unseren Fall herbeizuführen, wiederholen wir noch mal die Differentialgleichungen, dabei haben wir es mit für uns zwei Arten zu tun:

I) Inhomogene lineare Differentialgleichungen 2-ter Ordnung mit konstanten Koeffizienten:

$$a_2\ddot{Y} + a_1\dot{Y} + a_0 Y = f(x) \text{ mit } f(x) \neq 0$$

II) Homogene lineare Differentialgleichung 2-ter Ordnung mit konstanten Koeffizienten:

$$a_2\ddot{Y} + a_1\dot{Y} + a_0 Y = f(x) \text{ mit } f(x) = 0$$

Lösungsansatz:

Zu I) $\qquad a_2\ddot{Y} + a_1\dot{Y} + a_0 Y = f(x) \text{ mit } f(x) \neq 0$

Um die obige Dgl. zu lösen, sind mehrere Schritte erforderlich. Hierzu suchen wir als erstes Y_h (der Index h steht für homogen) die allgemeine Lösung der homogenen Differentialgleichung. Diese erhalten wir, indem wir
$f(x) = 0$ setzen.

$$a_2\ddot{Y} + a_1\dot{Y} + a_0 Y = 0$$

Jetzt suchen wir nach Y_{inh} (inh steht für inhomogen) einer beliebigen speziellen Lösung der inhomogenen Differentialgleichung.

Mit dem Ansatz $Y = Y_h + Y_{inh}$ können wir dann die allgemeine Lösung der Differentialgleichung ermitteln:

$$a_2\ddot{Y} + a_1\dot{Y} + a_0 Y = f(x) \text{ mit } f(x) \neq 0 \text{ inhomogen}$$

Wir schreiben $a_2\ddot{Y}_h + a_1\dot{Y}_h + a_0 Y_h = 0$ für den homogenen Teil und

$$a_2\ddot{Y}_{inh} + a_1\dot{Y}_{inh} + a_0 Y_{inh} = f(x) \text{ für den inhomogenen Teil.}$$

Mit $Y = Y_h + Y_{inh}$ können wir jetzt schreiben:

$$a_2(\ddot{Y}_h + \ddot{Y}_{inh}) + a_1(\dot{Y}_h + \dot{Y}_{inh}) + a_0(Y_h + Y_{inh}) = f(x) \quad \text{mit } f(x) \neq 0$$

Umformuliert ergibt dies:

$$\left(a_2\,\ddot{Y}_h + a_1\dot{Y}_h + a_0\,Y_h\right) + \left(a_2\,\ddot{Y}_{inh} + a_1\,\dot{Y}_{inh} + a_0\,Y_{inh}\right) = f(x)$$

In der ersten Klammer oben ist Y_h die allgemeine Lösung der homogenen Differentialgleichung und hat den Wert 0, für f(x) = 0 ist.

Für die zweite Klammer ist Y_{inh} eine beliebige spezielle Lösung der inhomogenen Differentialgleichung. Berücksichtigen wir, dass die allgemeine Lösung der Differentialgleichung 2-ter Ordnung zwei Integrationskonstanten hat, so hat auch $Y = Y_h + Y_{inh}$ zwei Integrationskonstanten.
Y ist somit eine Lösung der Differentialgleichung und verfügt über zwei frei wählbare Konstanten C_1 und C_2, damit ist Y die allgemeine Lösung der Differentialgleichung.

Gibt man einer oder mehreren Integrationskonstanten spezielle Werte (Nebenbedingungen), erhält man eine spezielle oder auch partikuläre Lösung der Differentialgleichung.

Mathematik Übungsheft 14: 5.5

Exkurs 1.2 Teil II

Für die **homogene lineare Differentialgleichung 2-ter Ordnung** mit konstanten Koeffizienten erhalten wir aufgrund der charakteristischen Gleichung und der damit verbundenen quadratischen Ergänzung drei Lösungsansätze:

    a) Der Radikand ist positiv und liefert mit r_1 und r_2 zwei reelle Lösungen

    b) Der Radikand ist negativ und wir erhalten komplexe Lösungen r_1 und r_2, die zueinander konjugiert komplex sind

    c) Der Radikand ist null

zu a) Sind r_1 und r_2 verschieden, dann erhalten wir die beiden verschiedenen Lösungen Y1 unY2 und durch die Bildung von
Y = C_1Y1 + C_2Y2 erhalten wir die allgemeine Lösung. C_1 und C_2 sind beliebige reelle Zahlen

zu b) Die Lösungsfunktion ist eine komplexe Funktion Y zu der reellen Veränderlichen x:

Y = Y1(x) + i Y2(x), dabei seien die Funktionen Y1 und Y2 verschieden und Y1 der Realteil und Y2 der Imaginärteil spezielle Lösungen.

Die allgemeine reellwertige Lösung ist dann:

Y = C_1Y1 + C_2Y2. C_1 und C_2 sind beliebige Konstanten

Zu c) Wir erhalten eine Doppelwurzel. Mit dem Exponentialansatz erhalten wir nur eine Lösung.
Für die allgemeine Lösung haben wir mit Hilfe der Variation der Konstanten nach einer zweiten zu suchen zum Beispiel:

$$Y_2 = C_2 x\, e^{r_1 x}$$

Damit ist $Y = C_1 e^{r_1 x} + C_2 x\, e^{r_1 x}$, C_1 und C_2 sind beliebige Konstanten

Literatur

Physik

Physik Alonso/ Finn, Verlag: Inter European Edition 1977
Verlag: Oldenbourg, 26. Januar 2000

Mathematik

Dr. Jürgen Schlüsing Heft 1 bis 15, Verlag: Book on Demand

Mathematik für Physiker Band 1 und 2, Verlag: Vieweg

Weltner Mathematik für Physiker
Band 1 u. 2 Auflage 2013, Verlag: Springer Spektrum

Notizen